U0240897

建造神奇树屋

综合应用　图形与几何

贺洁　薛晨◎著　哐当哐当工作室◎绘

北京科学技术出版社

以往放长假的时候，鼠老师都会打电话问问鼠宝贝们的情况。

但这个假期，鼠宝贝们一直没接到鼠老师的电话。

原来，鼠老师正在忙一件大事——建树屋。

这是学校后面的一片树林，鼠宝贝们课余时间喜欢在这里玩。鼠老师打算把树屋建在这里。

量角器

　　正式动工前，鼠老师拿
着直尺、三角板和量角器，
画了一份又一份图纸。

尺

三角板

接下来要考虑的问题是如何挑选木料。建造树屋的木料一定要足够结实，不然就会发生危险！

一根木料重 28 千克，鼠老师一共选了 25 根这样的木料。他打电话请人来帮忙。

　　一位货车司机开来了一辆限载1.2吨的小货车。听到要运那么多的木料，他准备回去换一辆大卡车。

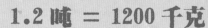

1.2 吨 = 1200 千克

28 × 25 = 700 千克 = 0.7 吨

700 千克 < 1200 千克　　0.7 吨 < 1.2 吨

"不用,不用!"鼠老师赶紧拦住货车司机。"1.2"这个数字虽然小,但别忘了看它后面跟的单位!

于是，货车司机和鼠老师一起把全部木料装上了车，还装了绳子、电钻等一堆工具。

　　树屋的底部结构建好了。鼠老师开始挑选用作地板的木料。3厘米厚的木料和1厘米厚的木料，选哪种更合适呢？

你可以量一量家里的桌子、衣柜和床板所用的木料的厚度。

树屋的地板最好也做得厚一些。鼠老师选了3厘米厚的木料。

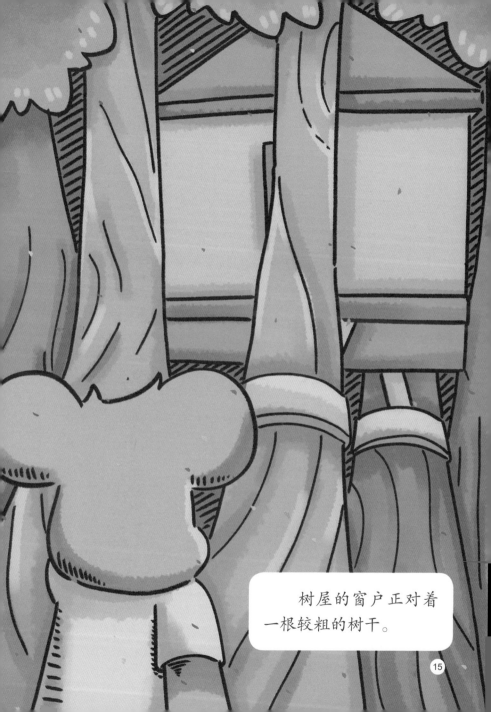

树屋的窗户正对着一根较粗的树干。

鼠老师决定把这个问题交给鼠宝贝们来解决。

学霸鼠一下子就看出鼠老师要考他们平移知识——将长方形的窗户向右平移 30 厘米。

其他鼠宝贝们看到树屋后兴奋极了，哪里还顾得上答题。

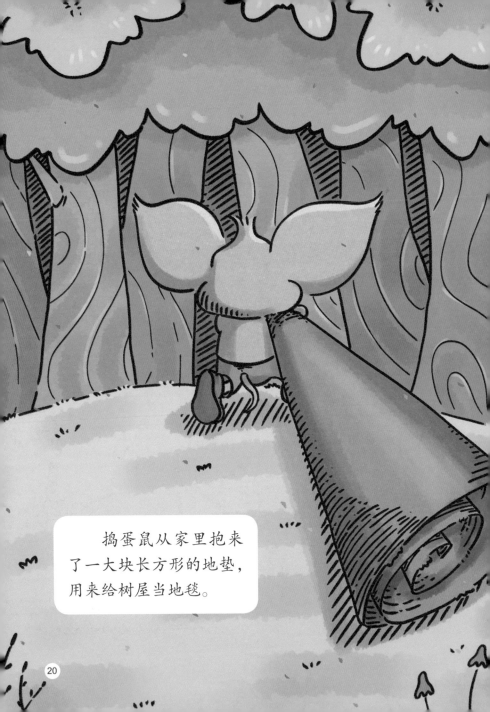

　　捣蛋鼠从家里抱来
了一大块长方形的地垫，
用来给树屋当地毯。

"太棒了！但尺寸不太合适。"鼠老师说。

"难道不能用吗？"捣蛋鼠有些沮丧。

21

勇气鼠也赶了过来，他和捣蛋鼠一起量了量地板和地垫的长和宽。

最后，他们把地垫裁成 4 大块。你知道他们为什么这样做吗？

又有鼠宝贝来了。大家一起给树屋绑绳梯、刷漆。

勇气鼠和倒霉鼠忙着搬各种东西。

建好后的树屋成了鼠宝贝们最喜欢的地方。

图书在版编目（CIP）数据

建造神奇树屋 / 贺洁，薛晨著；哐当哐当工作室绘. —北京：北京科学技术出版社，2021.8（2021.12 重印）

（数学的萌芽）

ISBN 978-7-5714-1538-9

Ⅰ.①建… Ⅱ.①贺… ②薛… ③哐… Ⅲ.①数学 – 儿童读物 Ⅳ.① O1-49

中国版本图书馆 CIP 数据核字（2021）第 082986 号

策划编辑：阎泽群　代　冉　李丽娟
责任编辑：张　艳
封面设计：沈学成
图文制作：天露霖文化
责任印制：李　茗
出 版 人：曾庆宇
出版发行：北京科学技术出版社
社　　址：北京西直门南大街16号
邮政编码：100035
电　　话：0086-10-66135495（总编室）　0086-10-66113227（发行部）
网　　址：www.bkydw.cn
印　　刷：北京利丰雅高长城印刷有限公司
开　　本：889 mm×1194 mm　1/32
字　　数：13千字
印　　张：1
版　　次：2021年8月第1版
印　　次：2021年12月第3次印刷
ISBN 978-7-5714-1538-9

定　　价：339.00元（全30册）